U0186560

如何辨识
一头熊

图书在版编目（CIP）数据

如何辨识一头熊 / (加) 帕斯卡 · 热拉尔著；马青译. -- 石家庄：花山文艺出版社, 2021.4
ISBN 978-7-5511-5590-8

Ⅰ. ①如… Ⅱ. ①帕… ②马… Ⅲ. ①熊科—儿童读物 Ⅳ. ①Q959.838-49
中国版本图书馆CIP数据核字(2021)第044584号
冀图登字：03-2020-137

书　　名： 如何辨识一头熊
RUHE BIANSHI YI TOU XIONG
著　　者： [加] 帕斯卡 · 热拉尔
译　　者： 马　青

选题策划： 北京浪花朵朵文化传播有限公司
出版统筹： 吴兴元
编辑统筹： 冉华蓉
责任编辑： 林艳辉
特约编辑： 李兰兰
责任校对： 李　伟
营销推广： ONEBOOK
装帧制造： 墨白空间 · 唐志永
出版发行： 花山文艺出版社（邮政编码：050061）
（河北省石家庄市友谊北大街330号）
印　　刷： 天津图文方嘉印刷有限公司
经　　销： 新华书店
开　　本： 235毫米 × 260毫米　1/12
印　　张： 8
字　　数： 20千字
版　　次： 2021年4月第1版
2021年4月第1次印刷
书　　号： ISBN 978-7-5511-5590-8
定　　价： 88.00 元

读者服务：reader@hinabook.com 188-1142-1266
投稿服务：onebook@hinabook.com 133-6631-2326
直销服务：buy@hinabook.com 133-6657-3072
官方微博：@ 浪花朵朵童书

浪花朵朵

如何辨识
一头熊

[加] 帕斯卡·热拉尔 著　马青 译

花山文艺出版社
河北·石家庄

目录

熊从哪儿

地球上现存的所有种类的熊都有一个共同的祖先，叫作祖熊，生活在距今约两千万年前。它是食肉动物，体形不大，和狸犬差不多，分布在地球上几个不同的区域。

来?

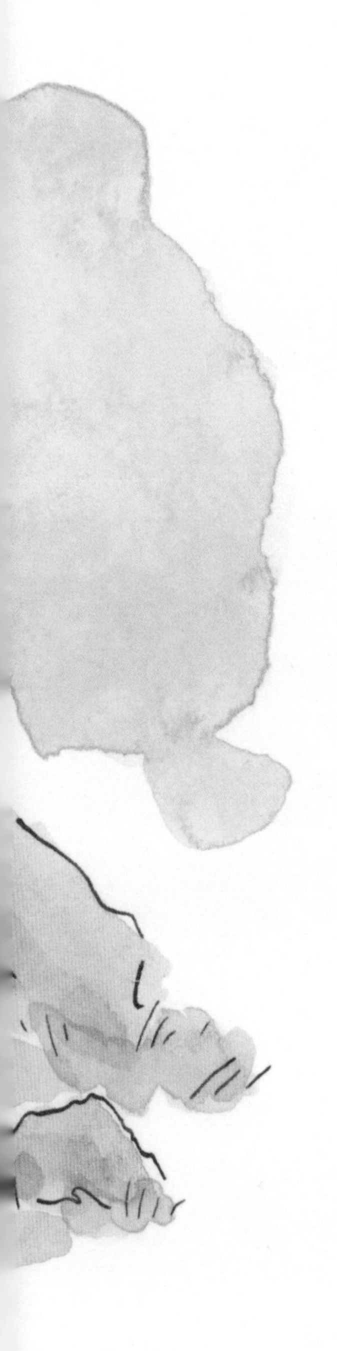

现在已经灭绝的洞熊就是祖熊的后代之一，叫这个名字是因为我们在洞穴中找到了它的骨骼化石，但很难因此确定这里就是它真正的居所，因为也有可能是我们的祖先将它的骨骼放在了这里。

在法国东南部阿尔代什省的肖维岩洞中，我们找到了壁画，壁画中的动物被认为是洞熊，这些壁画创作于三万五千年前！这个岩洞也被联合国教科文组织（UNESCO）列入世界文化遗产。

熊的分类

现在全世界共有 8 种熊，除了北美洲的黑熊外，其他几种熊的生存都受到了威胁。

白熊（北极熊）

体长 1.5—3 米
体重 300—750 千克

主要生活在北极的冰原上。

棕熊

体长 1.8—2.5 米
体重 130—400 千克

广泛分布于亚洲、欧洲、北美洲地区。

生活在不同地区的棕熊，体重有很大的差异。

黑熊

体长 1.2—1.9 米
体重 70—270 千克

生活在加拿大、美国以及墨西哥北部和中部地区。

眼镜熊

体长 1.5—2 米
体重 140—175 千克

生活在委内瑞拉、阿根廷、巴拿马、秘鲁、哥伦比亚、厄瓜多尔以及玻利维亚等国家。

眼镜熊眼部的花纹非常有特点，看起来好像戴着眼镜一样，所以得此名。

马来熊

体长 1.1—1.4 米
体重 50—70 千克

生活在东南亚地区，在中国和印度也有分布。

马来熊是体形最小的一种熊。它的嘴巴辨识度很高，长达 25 厘米！偷吃蜂箱里的蜂蜜时，长嘴巴会方便很多！

大熊猫

体长 1.6—1.9 米
体重 70—125 千克

生活在中国。

这种性格温顺的熊以竹子为食。人类猎杀大熊猫并不断破坏其生活环境，严重威胁着大熊猫的生存。大熊猫的形象还成为世界自然基金会（WWF）的徽标。

亚洲黑熊（月熊）

体长 1.3—1.9 米
体重 100—200 千克

生活在伊朗、阿富汗、日本、中国、印度、巴基斯坦、韩国、越南等国家和西伯利亚地区。

和它的亲戚眼镜熊一样，它胸前的花纹也很独特，像弯弯的月亮一样，它因此又被叫作月熊。有些地方的亚洲黑熊会在白天睡觉，晚上活动。

懒熊

体长 1.4—1.8 米
体重 54—190 千克

生活在印度、斯里兰卡、尼泊尔。

这种毛发散乱的小熊也喜欢夜间活动。它的口鼻很长，舌头细细的，极爱吃白蚁。它还有一个技能，可以随意控制鼻孔闭合，防止小昆虫钻进去。

黑熊

人们在北美洲的森林里散步时，最有可能遇到的熊就是黑熊。在北美大陆，人类与黑熊接触的频率远高于棕熊和北极熊。

主要原因有两个：

1. 黑熊有着强烈的好奇心，它总是什么都想看看，什么都想知道；

2. 它是唯一一种生存没有受到威胁的熊，数量相当可观。

虽然因为基因和环境的原因，我们将其称为“黑熊”，可事实上，它们并非都是黑色的，还有棕色、金色、灰色、白色，甚至是蓝色的！

如何辨识黑熊?

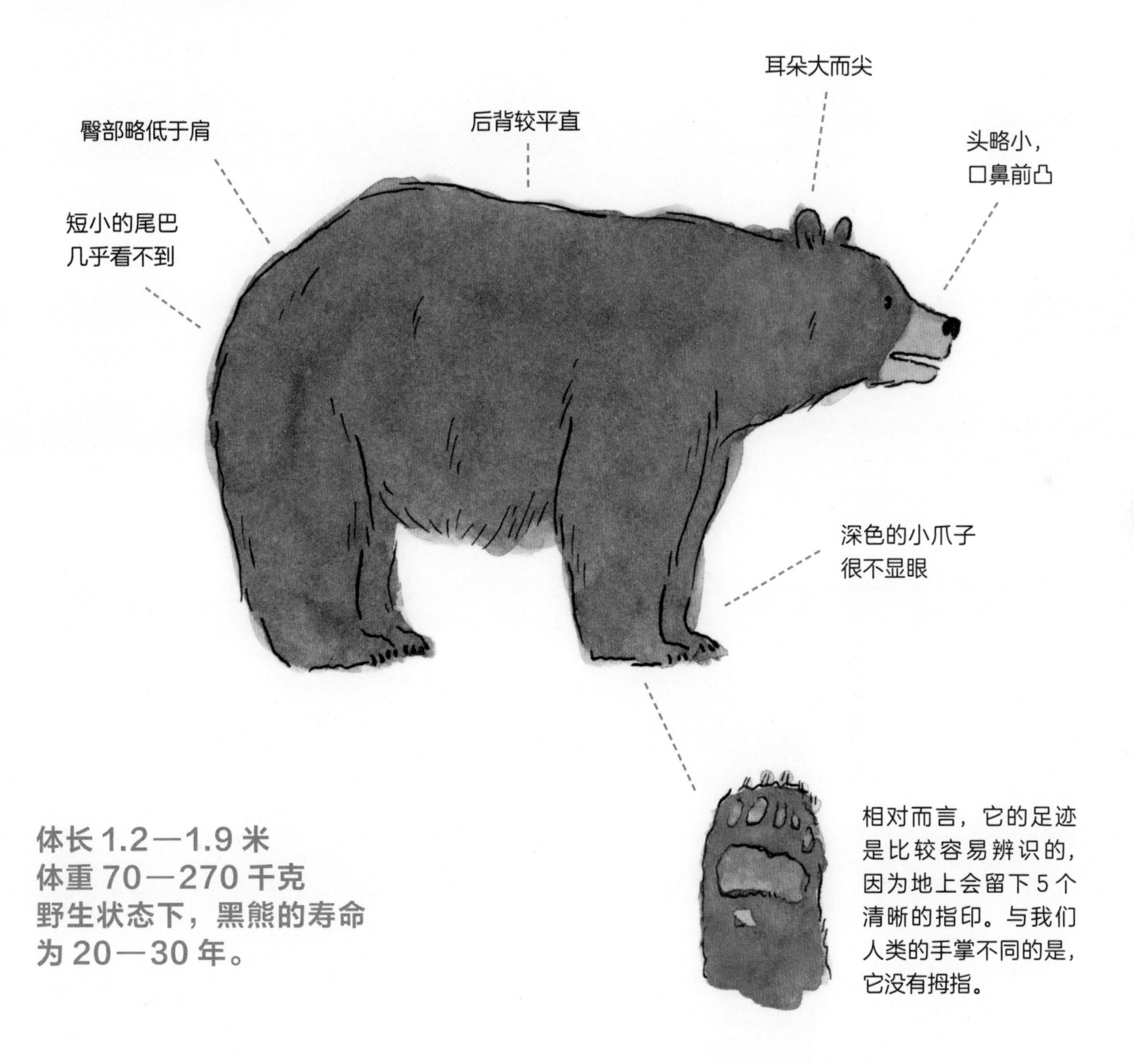

体长 1.2—1.9 米
体重 70—270 千克
野生状态下，黑熊的寿命为 20—30 年。

分布区域

1492 年，欧洲的航海家哥伦布发现了美洲大陆。欧洲人把这里叫作“新大陆”，并不断移民到这里，驱逐美洲原住民，开发土地，建立国家。现在美洲的主要居民基本上都是欧洲人的后代。

黑熊是北美大陆分布最广泛的熊，但是相比于欧洲人到来之前，它们的领地还是大大缩小了，现在黑熊的分布范围仅为过去的一半左右。

据估计，全世界大约有 60 万头黑熊。

黑熊主要以植物为食。植物的种类越多样，黑熊的食物就越丰富。

黑熊喜欢沼泽、小溪和河流，因为它可以在里面好好洗个澡，放松一下。

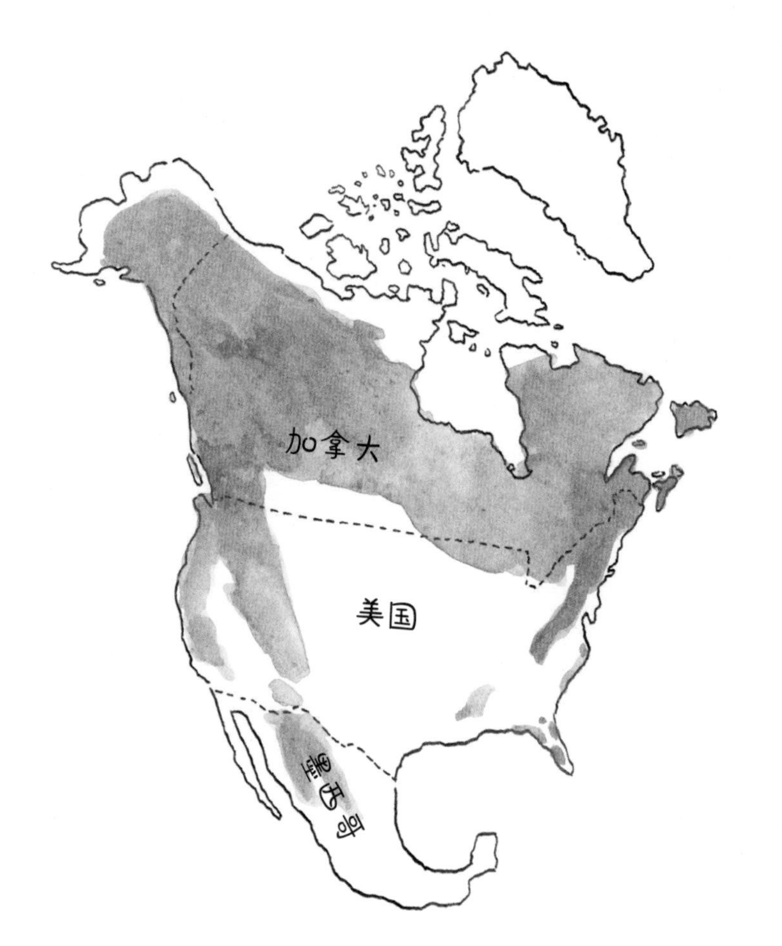

黑熊的分布区域

生活习性

黑熊给人的印象往往是笨拙的，事实上它极其灵活。虽然体形庞大，黑熊可是个攀缘能手。它可以自在地坐在距离地面几米高的树杈上，以保护自己、采摘食物，或者只是爬上去欣赏落日的美景。

它奔跑的速度可以达到每小时 55 千米！这比 100 米世界纪录保持者尤塞恩·博尔特的速度还快：这位世界冠军的百米纪录是每小时 37.58 千米。

黑熊的视力不太好。幸运的是，它的听觉和嗅觉都敏锐极了，可以在几千米之外就发现我们。

黑熊虽然可以直立行走相当长的距离，但更喜欢四肢着地尽情奔跑。

灵熊（柯莫德熊）

柯莫德熊是美洲黑熊大家庭的成员，仅分布在加拿大不列颠哥伦比亚省沿海一带。它一身雪白的毛格外引人注目。柯莫德熊仅有数百头，受到加拿大法律的严格保护。这种黑熊之所以会浑身长着洁白的皮毛，是因为体内有一种非常罕见的隐性基因。它既没有得白化病，也不是体形较小的北极熊。

黑熊与人类

黑熊与人类共同生活有时候会出现一些问题。黑熊生性腼腆，却极富好奇心。如果它发现人类的垃圾箱里有食物，就很有可能会接近人类。这种情况下，黑熊会变得很有攻击性。一旦发生了这样的事情，这头熊可能会被转移到别的地方，在个别情况下，也有可能被执行安乐死。

棕熊

对于大多数人来说，棕熊既令人着迷，又令人害怕。它们喜欢孤独地生活在森林和大山这些远离人类的地方。它们也是一种生存受到威胁的熊，为了存活下去，尽量避免与人类的一切接触。它们孤独而腼腆。

如何辨识棕熊？

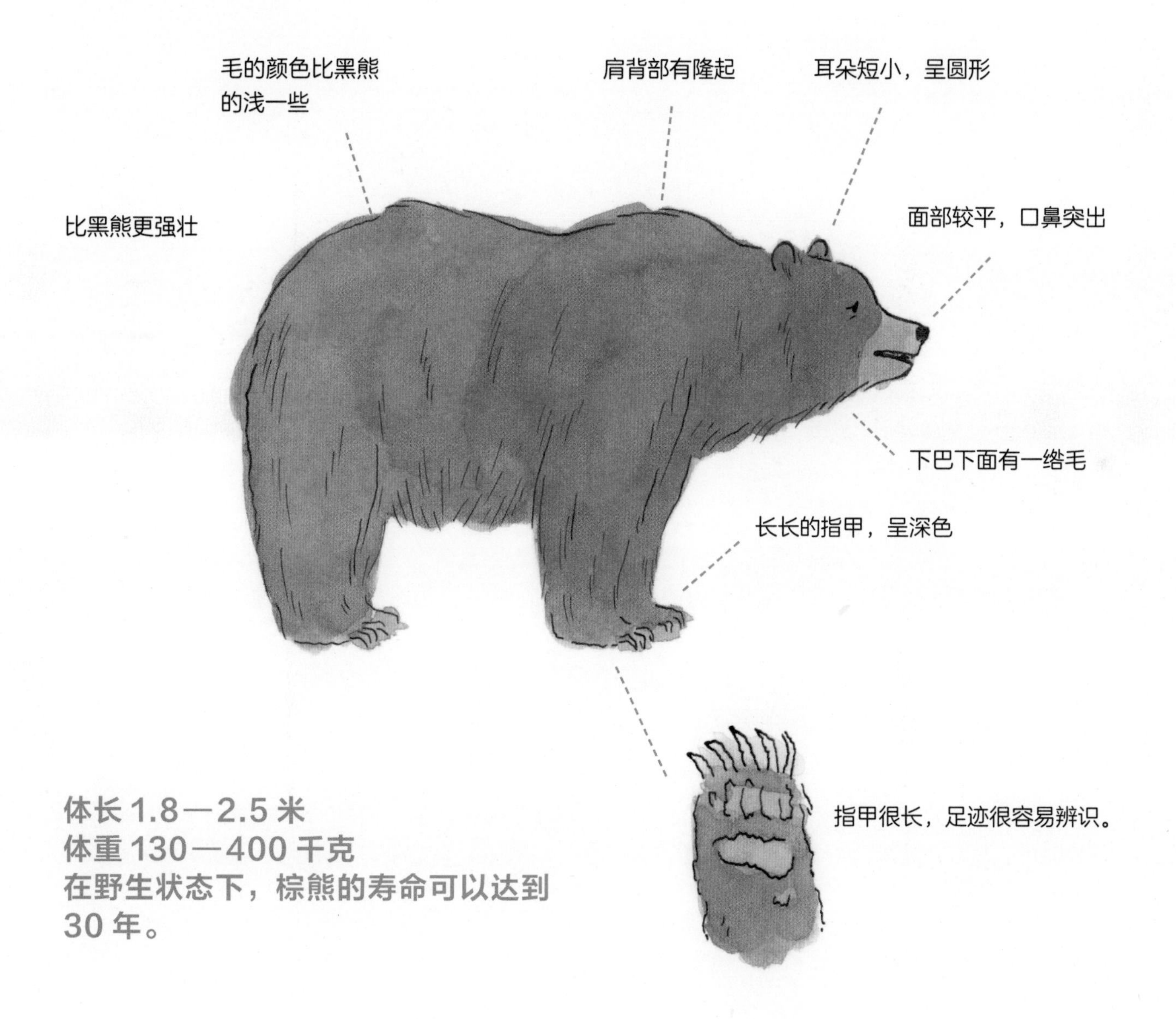

体长 1.8—2.5 米
体重 130—400 千克
在野生状态下，棕熊的寿命可以达到 30 年。

分布区域

现在，棕熊的分布区域非常小，仅见于美洲大陆的西北海岸。欧洲人到来之前，它们生活在美洲广阔的平原和墨西哥。殖民活动、大陆的开发以及捕猎使这些区域的棕熊数量不断减少。

目前，加拿大大约有 20000 头棕熊；美国大约有 32500 头棕熊，其中绝大多数分布在阿拉斯加州。

生活习性

棕熊没有黑熊那么灵活，但它也会爬树。不过只有足够强壮的树，才能够承受住它的体重。

棕熊的力气巨大无比，它能轻松移动一个重六百多斤的垃圾箱，就像拿起一个沙滩球那么简单！

棕熊主要吃素食，喜欢吃小野果和各种各样的植物。食物越丰富的地方，棕熊的活动范围越小，因为它不需要到处去找吃的了。

棕熊很擅长行走，能走很长很长的距离。人们估计一头棕熊占领的土地面积能达到 2500 平方千米。

棕熊还非常擅长跑步，平均速度比尤塞恩·博尔特快，仅次于它的亲戚黑熊。

“园丁棕熊”

棕熊的长指甲让人很害怕。不过，它倒是很少将指甲作为一种武器使用，更多的是用它来搜寻和挖掘食物。

棕熊挖出植物的根部食用，这样做也是为了使土壤更适于植物生长，因为挖过的土壤会变得更加肥沃。这就和农夫用犁翻地，使植物生长得更好，以增加果实的产量一样，棕熊也知道，下次就可以过来收获果实了。

巴特（1977—2000），好莱坞的明星

这头棕熊体重大约为 635 千克，体长大约 3 米，在好几部美国电影里饰演了邪恶的捕食者的角色。

它甚至还出席了 1998 年的奥斯卡颁奖典礼，现场为获奖者颁发奖项。

它还曾是某个组织的形象大使，该组织致力于保护熊类生存的野生环境。

“马戏团熊”

很久以前，人们就会驯养熊来娱乐观众。它会模仿人类走路、跳舞、骑自行车，而它的各种古怪模样，使其成为马戏团里最受欢迎的动物之一。

不过，现在我们很少在马戏团里看到熊了，因为这种做法对动物来说是残忍的，受到了很多批评。有一些国家已禁止马戏团用野生动物进行表演。

白熊
（北极熊）

作为熊科动物中体形最庞大的成员，北极熊全身雪白，非常容易辨认。它居住在美洲大陆北部，气温最低的地方。天气越寒冷，北极熊越觉得舒服。

与黑熊和棕熊不同，北极熊是食肉动物，是凶猛的捕食者。它食物的 90% 都是肉类。北极熊主要以海豹为食，但也会捕猎其他出现在领地内的动物，如海象和白鲸。

如何辨识北极熊?

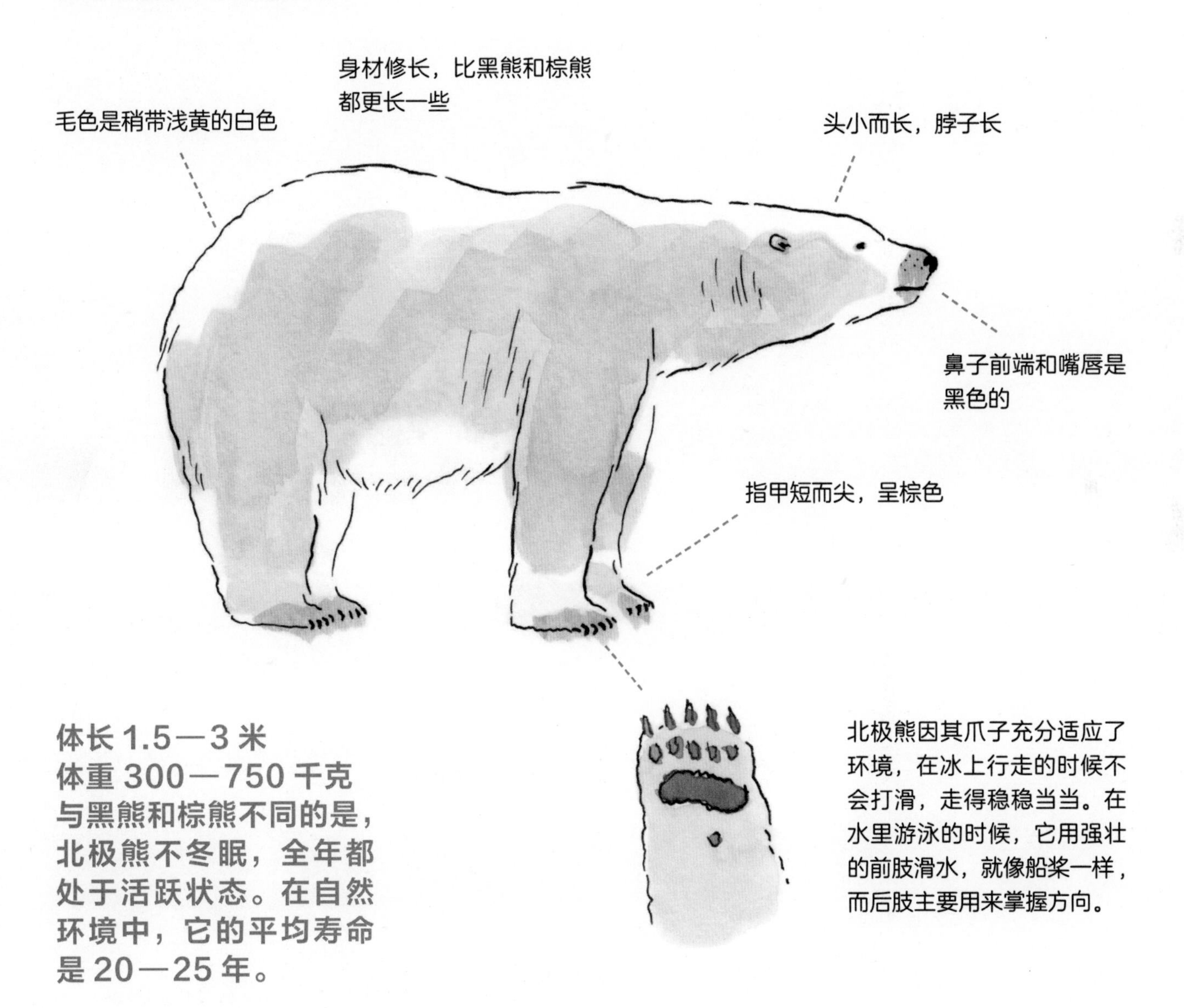

体长 1.5—3 米
体重 300—750 千克
与黑熊和棕熊不同的是，北极熊不冬眠，全年都处于活跃状态。在自然环境中，它的平均寿命是 20—25 年。

北极熊因其爪子充分适应了环境，在冰上行走的时候不会打滑，走得稳稳当当。在水里游泳的时候，它用强壮的前肢滑水，就像船桨一样，而后肢主要用来掌握方向。

分布区域

北极熊居住在美洲大陆北部。它们生活在大块浮冰、冰川，以及靠近大量水源的坚硬土地上。地球上超过一半的北极熊居住在加拿大。与黑熊和棕熊不同，北极熊的大部分时间在水中度过。有些科学家倾向于将它们看作是海洋哺乳动物（像白鲸和海豚一样）。

地球上现存的北极熊数量为 20000 到 25000 头。

北极熊的分布区域

捕食海豹

海豹一生中大多数时间都在水下生活，但是它需要不时地将头探出水面以获取氧气，所以海豹会在冰面上凿一个洞，方便探出头来呼吸。不幸的是，这正好给了北极熊绝妙的捕食机会。住在北极地区的因纽特人通过观察北极熊的行为，也学会了用相似的方法捕猎海豹。

生活习性

北极熊奔跑的速度大约为每小时 40 千米，比尤塞恩·博尔特稍快一些。此外，它还是一名出色的游泳选手，游泳速度大约为每小时 11 千米，而且可以连续游 100 千米而不需休息。

每年 2 月，美洲大陆北部的气温降至零下 37 摄氏度。北极熊的皮毛和厚厚的脂肪层保护它不受寒冷的侵袭。它有时候甚至会觉得热，于是跳进冰水里凉快一下。白色的皮毛让它得以轻松地隐藏在周围环境中，而皮毛下面的黑色皮肤则可以充分吸收阳光的热量，使身体保持温暖。北极熊可以忍受极寒的天气，却非常怕热，10 摄氏度对它而言已经不可忍受了。

气候变暖

北极熊已经成为全球气候变暖的最大受害者之一。我们对化石燃料的消耗（比如汽车使用的汽油），让地球的平均温度不断升高。这一结果导致北极的冰开始融化。冰川面积减少，意味着北极熊的捕猎范围也在不断缩小。海豹等猎物的数量越来越少了，北极熊的数量也越来越少了。

黑熊、棕
的共同特

熊、　白熊

征

冬眠

黑熊和棕熊喜欢暖暖和和地过冬，这样可以好好地休息一下。

它们要冬眠，就会找个好地方，在半睡眠状态中度过整个冬天。它们冬眠时睡眠很浅，一旦受到干扰可能会随时醒过来。

秋天，天气慢慢变冷的时候，熊就开始寻找准备冬眠的藏身之所了。黑熊通常会在大树下挖一个洞穴，再往里面放一些树叶、小树枝，让它更舒适。而棕熊更喜欢海拔高的藏身处。一般来说，它们会爬上山，再在那里找一个和黑熊的类似的洞穴。幸运的时候，它们能找到一个小小的山洞藏身。

大雪遮盖了洞穴，现在，它们准备好度过这个寒冷的冬天了。一般来说，熊的冬眠期会从 11 月一直持续到来年 4 月。

冬眠的时候，熊的体温会下降 7 至 8 摄氏度，心跳和呼吸也会变慢。在长长的冬眠期里，它不需要吃东西，也不需要排泄。整个漫长的冬季，熊都是靠消耗自己体内储存的脂肪存活的。冬眠期间，熊大约要消耗掉体内 25% 的脂肪，所以，秋天，一头胖乎乎的大熊走进了洞穴，冬眠结束的时候，会走出一头消瘦不少的熊。它饥肠辘辘，准备迎接美好的夏天！

饮食

黑熊和棕熊冬眠的好几个月里都不进食，所以也很容易理解，为什么在一年中剩下的几个月里，它们主要的活动就是——吃！

这是一场与时间的赛跑，它们一定要在下一个冬天到来之前，尽可能长胖一些。

棕熊每天通过食物摄入 20000 卡路里的热量，这大约相当于吃了 200000 个小野果。

黑熊和棕熊是杂食性动物，也就是说它们基本上什么都吃：草木、水果、蔬菜、昆虫以及肉类。然而，它们更喜欢吃素食。

北极熊则是地球上最大的肉食性动物之一。

	肉	鱼	植物	昆虫
北极熊	95%	5%	0%	0%
棕熊	10%	5%	80%	5%
黑熊	15%	0%	75%	10%

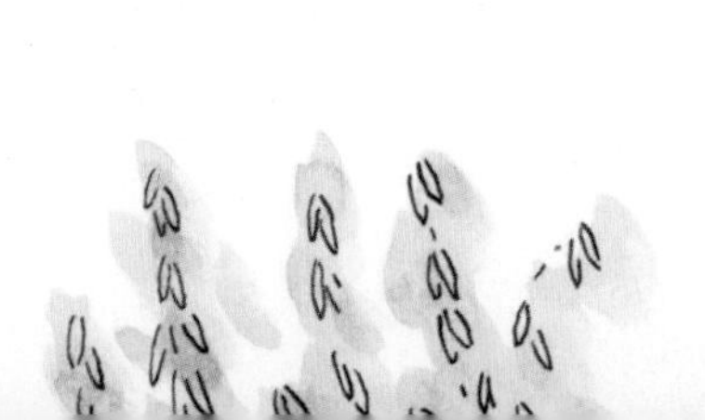

熊真的爱吃蜂蜜吗？

似乎所有的熊都有一个可爱的“小缺点”，就是爱吃蜂蜜。在俄罗斯，熊的名字叫梅德维奇，意思是什么呢？吃蜂蜜的动物！

所以养蜂人如果不想看到什么吓人的惊喜，就一定要保护好自己的蜂箱！

捕鱼

太平洋鲑鱼是溯河洄游性鱼类，它们出生长成小鱼以后会游往大海，到成年后会再回到出生地产卵。每年的 7 月到 9 月，太平洋鲑鱼会逆流而上，到出生的地方繁衍后代。一个不幸的消息：棕熊酷爱鲑鱼。棕熊会捕食逆流飞跃瀑布的太平洋鲑鱼，这个场景非常壮观。

棕熊是一种孤独的动物，不过它们非常热爱捕食太平洋鲑鱼，愿意与同类分享同一段河流捕食太平洋鲑鱼。在太平洋鲑鱼数量集中的地方，可能有十余头棕熊聚集在一起。

这时候，公熊会占据最好的捕鱼位置。母熊则耐心等待公熊吃饱喝足，再去为自己和小熊捕鱼。

生育

熊的生育周期较长，母熊一般每两年生育 1 至 3 头小熊，孕期一般为 220 天。这是北美哺乳动物中生育率最低的动物之一。

冬天，小熊在温暖的巢穴里出生，它会一直待在妈妈身边，安全度过整个冬天。

刚出生的小熊非常小，竟然可以放在人的手掌（大约 20 厘米长）中！刚出生的熊宝宝眼睛还看不见东西。棕熊宝宝长着细细的绒毛，而黑熊宝宝则是光光的。

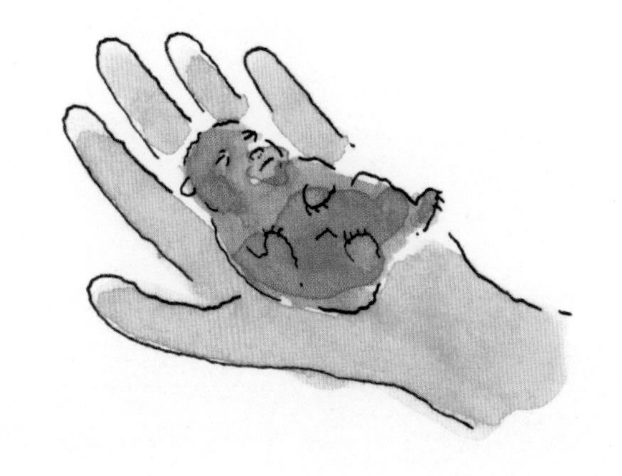

虽然北极熊不冬眠，怀孕的母熊仍会用雪来建造一个藏身之所，在那里过冬，并孕育刚出生的熊宝宝。北极熊妈妈和它的宝宝会在巢穴里住上 8 个月，然后才出门，面对寒冷的挑战。

春天，第一次走出家门的熊宝宝和一只猫差不多大。它们好奇心强，爱玩闹，和谁都很亲热。

熊宝宝的教育

熊妈妈非常称职。因为生育周期长，它有很多时间可以和熊宝宝一起度过。

它看护着熊宝宝，让它们在游戏、模仿和体验中不断学习。熊宝宝喜欢打闹。它们经常打着玩，并在这一过程中学习日后所需要的防御技能。

熊妈妈的保护欲也很强。如果周围出现危险，熊宝宝们会马上爬上树躲避（除了北极熊宝宝），而熊妈妈则负责保护它们。为了保护自己的孩子，熊妈妈遇到任何危险都不会避让。所以千万不要靠近熊宝宝，因为熊妈妈一定就在不远处。

2 岁左右的小熊已经可以离开妈妈，独立生活了。通常，它们会和自己的兄弟姐妹待一段时间，然后就会像成年熊一样进入孤独生活的状态中了。

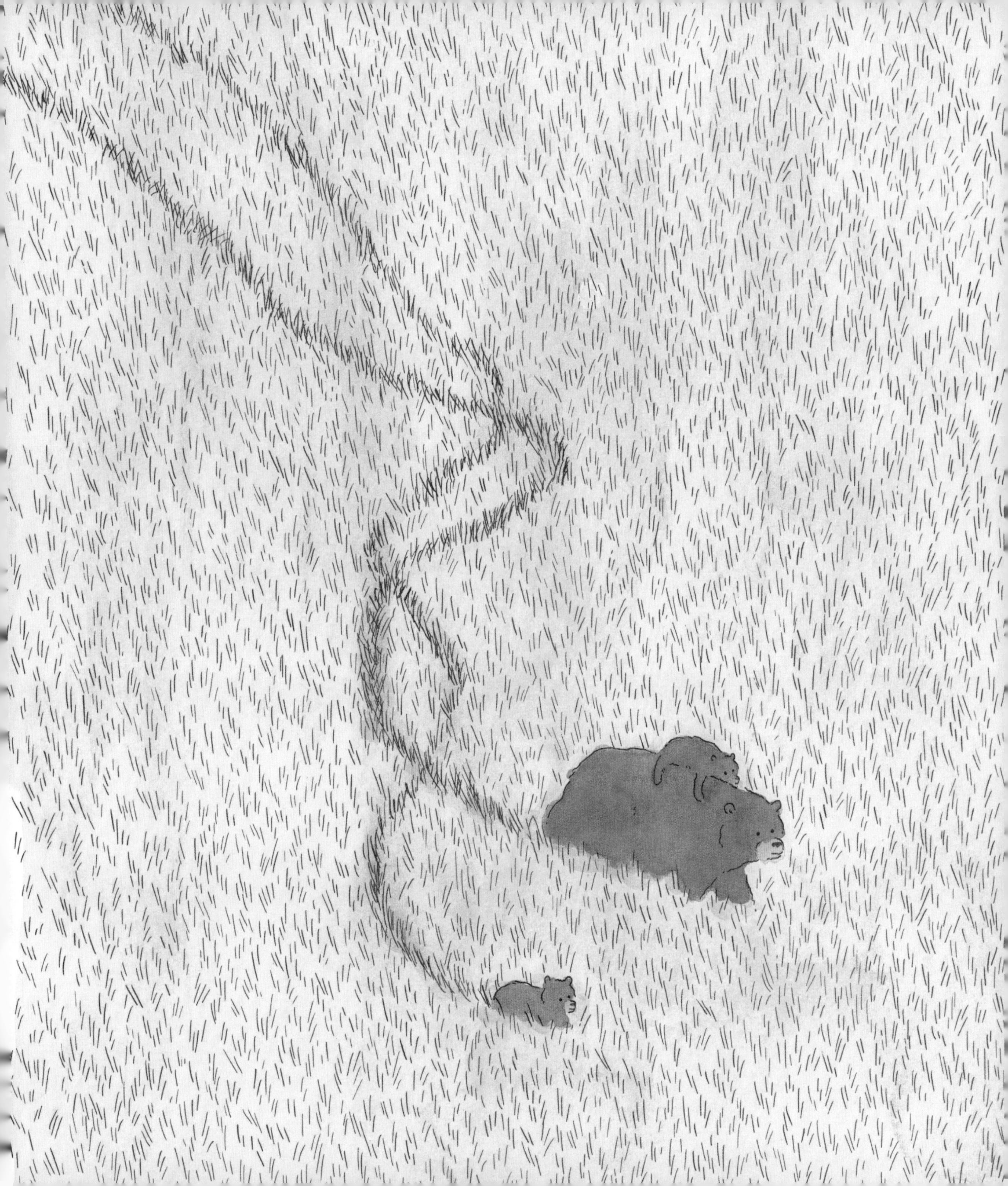

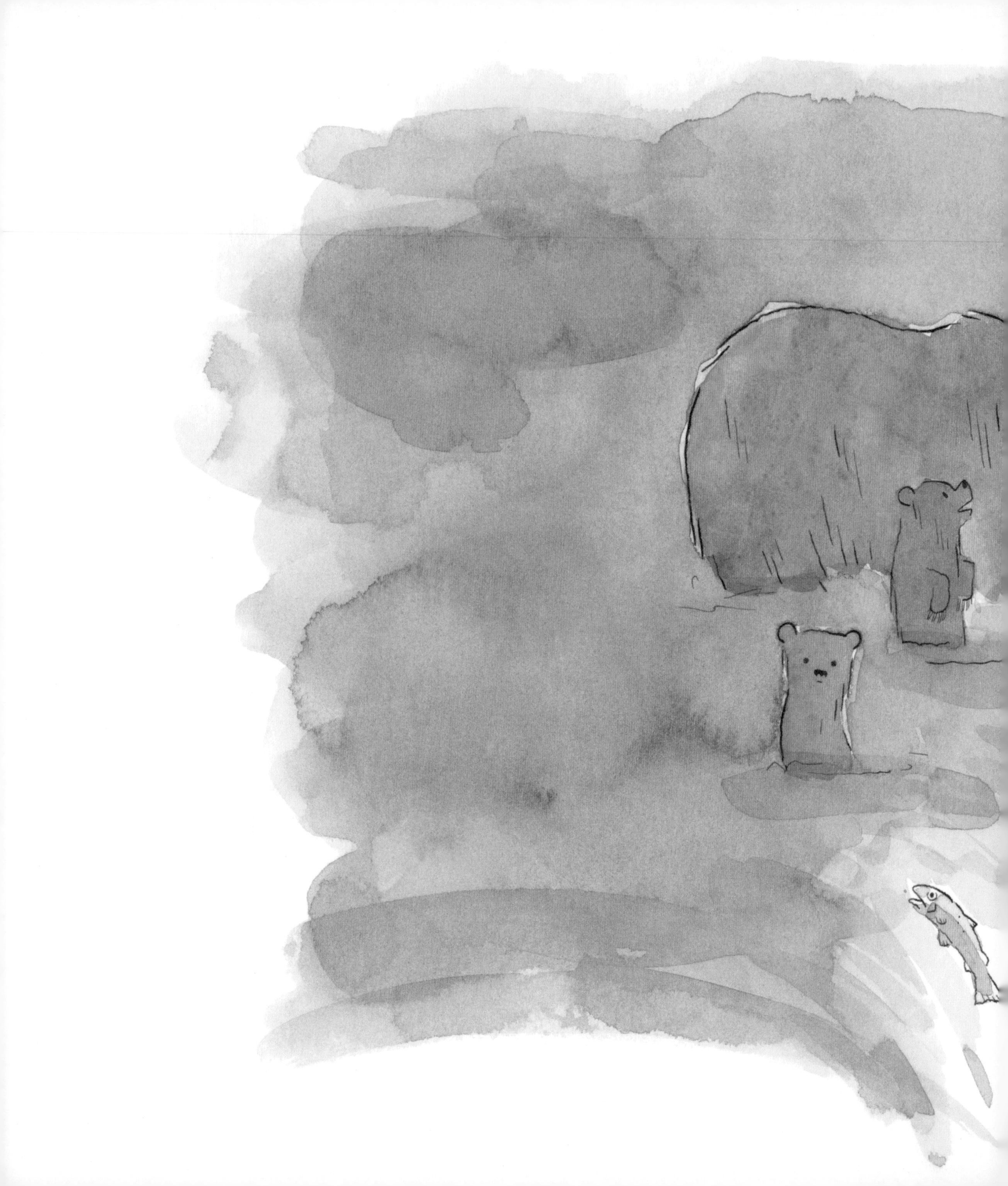

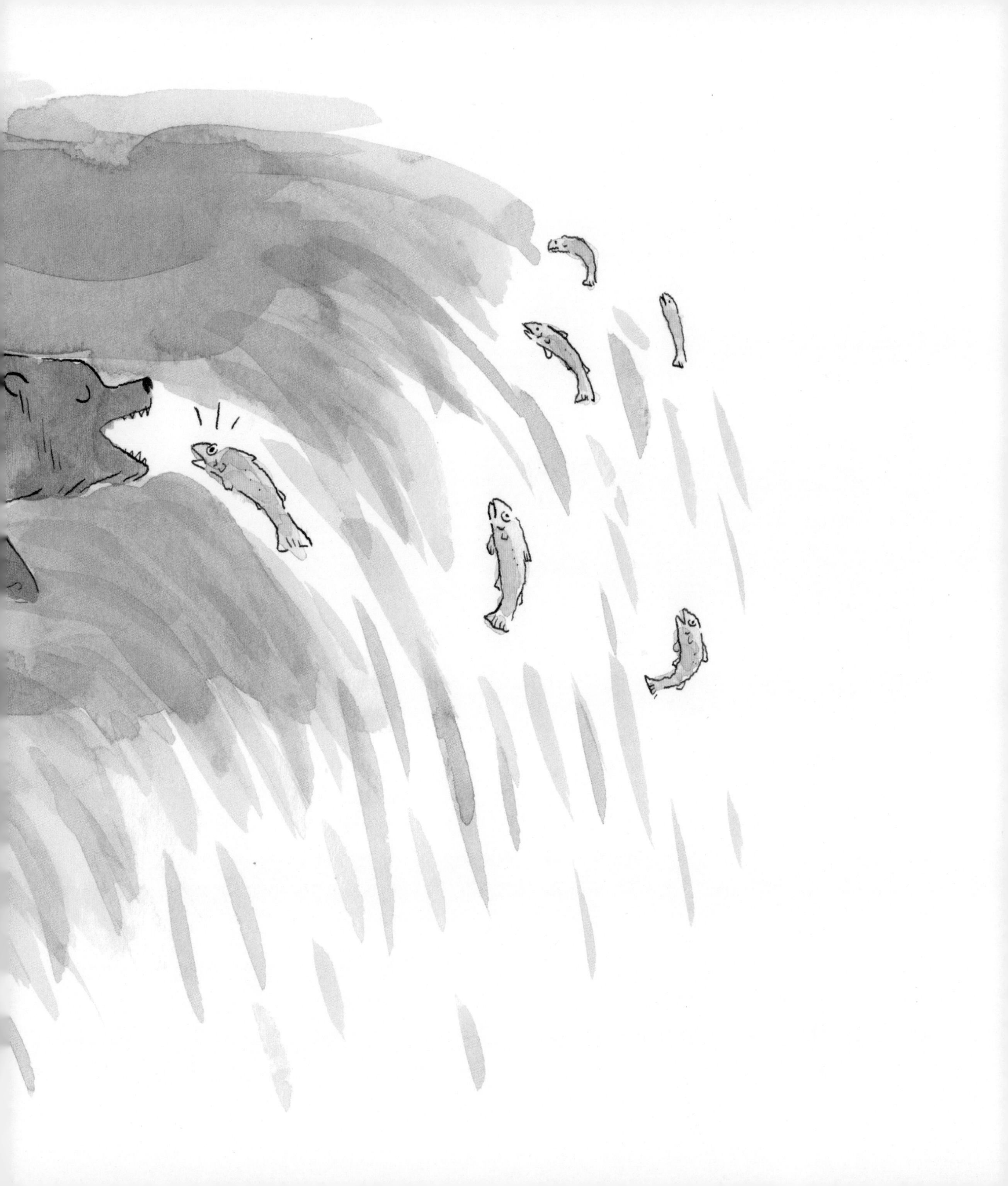

交流

熊发明了一种非常聪明的沟通方式，它们通过树木进行信息交流。

比如说，一头熊会在树上蹭蹭后背，或者留下抓痕，以留下气味作标记。另一头熊经过的时候，就会闻闻树上的气味以读取信息，并同样地蹭蹭后背或者留下几条抓痕做出回答。

我们现在还无法破解这种沟通方式，因为我们无法确切了解它们在这一过程中交换了什么信息。

熊还会在电线杆，或者人类留下的东西上撒尿作记号。

熊和美洲原住民

不管是黑熊、棕熊还是北极熊，都得到了美洲原住民极大的尊重。人们喜欢它们，又害怕它们。在绝大多数美洲原住民部落的传统文化中，它们都是重要的元素和口口相传的神灵。有大量关于它们的神话、传说、故事和歌曲。熊是神秘和神圣的伟大象征。

对于一些民族而言，熊是祖先、亲戚，甚至是祖父母。美洲土著部落有很多关于熊的传说，在这些传说中，人会变成熊，熊也会变成人。

熊在北美还被视为一位智者，教会最早的人类如何使用药物。在很多故事里，人都是通过观察熊的行为和生活，了解到生长在这片土地上的植物，拥有怎样的药用价值。

住在努纳维克的因纽特人把北极熊叫作纳努克（因纽特人部落传说中的神灵的名字）。

熊临险境

熊有很强的力量，没有哪个动物敢去攻击它，然而，身体强壮的熊，正在面临生存的危机。4 大原因正让它们的生存陷入险境。

1. 生存土地面积不断减少

不管是黑熊、棕熊还是北极熊，都是独居动物，它们喜欢生活在广袤的土地上，最好没有人类的影子。随着适合熊生活的土地面积不断缩小，熊的寿命也在缩短。人类对森林、矿藏和天然气的开发占领了大片熊生活的土地，迫使它们离开家园，不断适应新环境。

滑雪场、远离城市的别墅以及其他一些建筑，同样使适合熊生活的土地不断减少。

2. 生活环境的安全性降低

旅游的不断发展和公路、铁路的建设，使原始的、未开发的土地面积不断缩减。熊不得不与人类在共同的环境中生存。当它们跋涉数千米的路程，四处寻找食物时，往往不得不穿过人类的交通干道，这也增加了它们与交通工具相撞的风险。

3. 食物短缺

冬天来临前，熊需要摄入大量的食物，这关系到它能否顺利度过冬眠期。它生存的土地面积越小，就越难找到足够多的食物。这也解释了为什么有时候人类会在城市和村庄里，看到饥肠辘辘的熊在垃圾桶里翻找食物。

全球气候变暖改变了生态环境，使植物和动物的生存现状发生了重大的变化。熊的食物的多样性和数量都减少了。

捕猎

猎杀是熊死亡的主要原因之一，这一行为必须被禁止。

怎样保护

熊？

1.

维护它们的原始生存环境

熊喜欢在远离人类文明的地方平和地生活，因此，首先应禁止人类对某些区域进行开发。就像我们不希望在城市中见到熊一样，它们也不喜欢在森林里遇到我们。

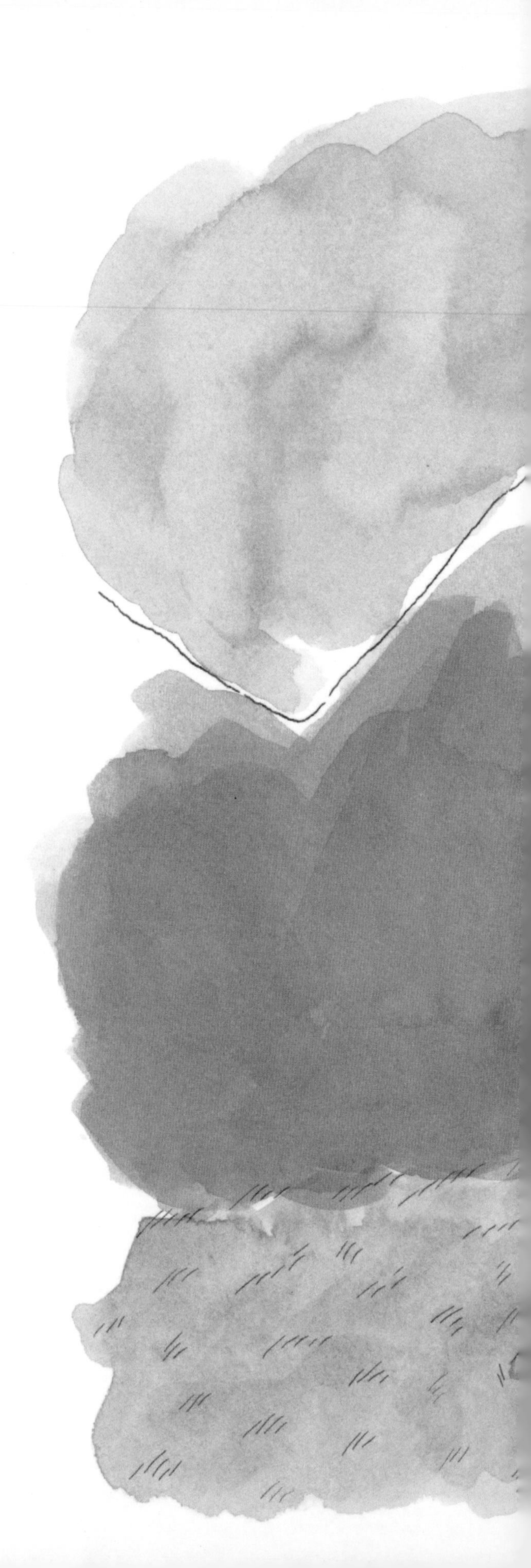

修建道路时考虑绕行

在我们必须和熊共处的地方，尽量建立隔离带，将熊和人类以及汽车隔离。修建高架路和桥梁，使熊得以在这些区域安全穿行。

3.

安装“防熊”垃圾箱

现在，加拿大的一些国家公园和城市里安装了特殊的垃圾箱，可以抵御熊的冲击。即使是最顽强、最灵活的熊，也无法打开这些垃圾箱，从里面找吃的。

遵守这几条小规则

遵守小规则，与熊和谐相处，能够使我们避免受到惊吓。

1.

进入有熊的森林时，仔细阅读并遵守入口处的安全规定和警告。这是我们在大自然中保护自己的最佳行为守则。

2.

在森林里要走大路，和同伴待在一起，并且不要大声说话、唱歌，熊听到人走路的声音后会悄悄离开的。

3.

仔细观察路面，如果发现了熊刚刚留下的足迹，最好马上折返，回到出发的地方。

4.

不要在熊途经的路上留下任何痕迹。离开森林前，一定要将垃圾密封装好，不要让熊闻到食物的味道。

5.

熊和人一样，都会尽量避免冲突。如果你的行走路线与熊的路线出现交叉，那你最好悄悄地离开。不光是熊，对任何生物保持一定的敬畏都是非常重要的。

词汇表

白化病

如果人或者动物得了白化病，他（它）的皮肤会变成白色，毛发也会变成白色。眼睛呈蓝色、灰色甚至红色。白化病是基因决定的，目前没有任何治疗方法。

冬眠

对于熊而言，冬眠就好像是在冬天睡上一觉。有的动物在冬眠期间是不会醒来的，而熊在冬眠的过程中是有可能醒来的！

联合国教科文组织（UNESCO）

联合国教科文组织的总部位于法国巴黎，宗旨在于通过教育、科学及文化来促进各国之间的合作。

美洲原住民

早在欧洲人到达北美洲、南美洲之前，就已经生活在那里的人民。美洲原住民是对所有原住民的总称。因纽特人是其中的一个族群。

世界自然基金会（WWF）

世界自然基金会是全球最大的环境保护组织之一。它的最终目标是制止并最终扭转地球自然环境的加速恶化，并帮助创立一个人与自然和谐共处的未来。

隐性基因

隐性基因是遗传自父亲和母亲的一种性状。相对于显性基因而言，隐性基因只有同时遗传自父亲和母亲的基因相同时，才会表现出性状。